Aichung der Binnenschiffe.

Herausgegeben

im

Reichsamt des Innern.

Springer-Verlag Berlin Heidelberg GmbH 1899

ISBN 978-3-662-38757-3   ISBN 978-3-662-39648-3 (eBook)
DOI 10.1007/978-3-662-39648-3
Softcover reprint of the hardcover 1st edition 1899

Inhalts-Verzeichniß.

Bekanntmachung, betreffend die Aichordnung für die Binnen-
schiffahrt auf der Elbe. Vom 30. Juni 1899 . . . . S. 5
Aichordnung für die Binnenschiffahrt auf der Elbe . . . . S. 7
Ausführungsbestimmungen . . . . S. 15
Protokoll-Formular . . . . S. 31
Aichschein-Formular . . . . S. 37

Bekanntmachung,

betreffend die Aichordnung für die Binnenschiffahrt auf der Elbe. Vom 30. Juni 1899.

Der Bundesrath hat in seiner Sitzung vom 15. Juni 1899 auf Grund des Artikels 4 Ziffer 9 der Reichsverfassung beschlossen, der nachstehenden Aichordnung für die Binnenschiffahrt auf der Elbe und den dazu gehörigen Ausführungsbestimmungen mit folgenden Maßgaben die Zustimmung zu ertheilen:

1. Als Revisionsbehörde nach §. 15 der Aichordnung für die Binnenschiffahrt auf der Elbe wird im Gebiete der deutschen Elbuferstaaten das Kaiserliche Schiffsvermessungsamt in Berlin bestellt.

    Das Schiffsvermessungsamt ist befugt, die von den deutschen Elbuferstaaten eingesetzten Aichbehörden für die Binnenschiffahrt auf der Elbe hinsichtlich der Handhabung der Aichordnung mit technischen Anweisungen zu versehen, von den Aufzeichnungen und Berechnungen der Vermessungsbehörden Einsicht zu nehmen und die Abstellung der dabei vorgefundenen Mängel herbeizuführen.

    Die Mitglieder des Schiffsvermessungsamts können der Aufnahme der Messungen beiwohnen.

Sämmtliche Aichprotokolle sind zur Vornahme von Revisionen nach Stichproben dem Schiffsvermessungsamt einzureichen.

2. Die Revisionsbehörde hat sich mit einem Satze der in den Ausführungsbestimmungen zu §. 8 unter A bezeichneten Meßwerkzeuge zu versehen. Diese Meßwerkzeuge gelten als Probemaße.

Jede Neubeschaffung von Meßwerkzeugen (vergl. Ausführungsbestimmungen zur Aichordnung zu §. 8 A 1 unter Ziffer I bis VI, VIII, XIII und XIV) erfolgt auf Antrag der Aichbehörde durch die Revisionsbehörde, welche eine Prüfung und Stempelung der Werkzeuge durch die Kaiserliche Normal-Aichungs-Kommission zu veranlassen hat.

Berlin, den 30. Juni 1899.

Der Reichskanzler.

Im Auftrage: Caspar.

Aichordnung für die Binnenschiffahrt auf der Elbe.

§. 1.

Fahrzeuge, welche ausschließlich oder vorzugsweise zum Binnenverkehr auf der Elbe bestimmt sind, unterliegen der Aichung nach Maßgabe der folgenden Bestimmungen.

§. 2.

Voraussetzung für die Vornahme der Aichung ist:
1. daß das Schiff in seinem gegenwärtigen Zustande nicht bereits nach Maßgabe dieser Aichordnung ge= aicht ist, und nicht einen noch gültigen Aichschein hat;
2. daß das Schiff mit der vollen Ausrüstung ver= sehen ist.

§. 3.

Das Aichverfahren beginnt mit der Festsetzung der Leer= linie, d. h. derjenigen Linie, bis zu welcher das mit voller Ausrüstung und mit der erforderlichen Mannschaft belastete Schiff in sonst unbeladenem Zustand eintaucht. Bei Dampf= schiffen gehört zur vollen Ausrüstung die betriebsmäßige Füllung der Kessel. Soweit es hieran fehlt, wird das Schiff mit entsprechendem Gewichte belastet.

Aichverfahren.

Das Schiff muß sich in normaler Schwimmlage dergestalt befinden, daß die Oberkante beider Borde mittschiffs gleich hoch über dem Wasserspiegel liegt.

§. 4.

Die Leerlinie wird an jeder Seite des Schiffes vorn, in der Mitte und hinten durch Leermarken bezeichnet.

§. 5.

Ueber jeder Leermarke wird senkrecht zum Wasserspiegel ein Tiefgangsanzeiger — §. 11 der Polizeiverordnung für die Schiffahrt und Flößerei auf der Elbe — angebracht, auf welchem jedes zehnte Centimeter durch eine Marke bezeichnet wird. An diesen Tiefgangsanzeigern werden Theilstriche von zwei Centimeter Höhe mit Farbe bezeichnet.

Der Tiefgangsanzeiger erhält den Nullpunkt in derjenigen wagerechten Ebene, welche bei normaler Schwimmlage (§. 3) des Schiffes durch den tiefsten Punkt der äußeren Fläche des Schiffsbodens geht.

Der mittschiffs angebrachte Tiefgangsanzeiger reicht bis zu der oberen Aichebene. Die vorn und hinten angebrachten Tiefgangsanzeiger reichen 20 cm höher hinauf.

Die obere Aichebene ist die wagerechte Ebene, welche unter dem tiefsten Punkte der Bordoberkante dergestalt durch den Schiffskörper gelegt wird, daß das Schiff

bei mehr als 15 Tonnen Tragfähigkeit 25 cm, bei kleineren Fahrzeugen 15 cm

freie Bordhöhe behält. Wenn die Tragfähigkeit eines Schiffes bei 25 cm freier Bordhöhe 15 Tonnen oder weniger, bei 15 cm freier Bordhöhe aber mehr als 15 Tonnen beträgt, so genügt eine freie Bordhöhe von 15 cm. Bei Schiffen mit festem Decke werden wasserdicht aufgesetzte Scheerstöcke der Luken in die Bordhöhe mit eingerechnet, jedoch darf die obere Aichebene nicht höher liegen, als das Schandeck. Bei Dampfschiffen ist die freie Bordhöhe vom tiefsten Punkte der am tiefsten liegenden Fensteröffnung abwärts zu messen.

§. 6.

Als Aichraum gilt der Raum, welcher
> von der durch die Leerlinie gehenden Ebene (Leer=
> ebene),
> von der oberen Aichebene und
> von den zwischen diesen beiden Ebenen liegenden
> Außenseiten der Schiffswandung

begrenzt wird.

§. 7.

Behufs Feststellung seiner Größe wird der Aichraum in halber Höhe zwischen der Leerebene und der oberen Aichebene mittelst einer wagerechten Ebene (die mittlere Einsenkungs= ebene) in zwei Aichschichten getheilt.

§. 8.

Der Raumgehalt des Aichraums und einer jeden von beiden Aichschichten wird nach näherer Vorschrift der Aus= führungs=Bestimmungen in Kubikmetern ermittelt.

§. 9.

Das Gewicht einer Ladung beträgt soviel Tonnen (zu 1000 kg), als der damit zur Eintauchung gebrachte Aichraum Kubikmeter enthält.

§. 10.

Für das geaichte Schiff wird ein Aichschein ausgefertigt, welcher für jede zur Leerebene parallele Eintauchung des Schiffskörpers nach je 2 cm des Tiefganges von der Leer=

ebene bis zur oberen Aichebene das Ladungsgewicht in Tonnen (zu 1000 kg) angiebt.

Vor Ausfertigung des Aichscheins ist neben jeder Leermarke und neben dem höchsten Punkte jedes Tiefgangsanzeigers das Aichzeichen anzubringen; außerdem ist das Schiff an denjenigen Stellen, an denen sich die durch Polizeiverordnung für die Schiffahrt und Flößerei auf der Elbe vorgeschriebene Bezeichnung (§. 6 a. a. O.) befindet, in gleicher Ausführung der Buchstaben und Ziffern mit einer Inschrift zu versehen, welche die Tonnenzahl bis zur oberen Aichebene und das Aichzeichen ergiebt.

Das Aichzeichen enthält den Anfangsbuchstaben des Stromes, zu dessen Flußgebiete die Aichbehörde gehört, und des Heimathstaats des Schiffes sowie den Anfangs- und den Endbuchstaben des Ortes, an dem die Aichbehörde ihren Sitz hat.

§. 11.

Aichprüfung. Geaichte Schiffe werden zur Feststellung des den Angaben des Aichscheins entsprechenden Zustandes auf Antrag einer Aichprüfung unterzogen.

Eine Aichprüfung soll erfolgen:
1. spätestens drei Monate nach Vollendung jedes Umbaues, nach jeder größeren Ausbesserung des Schiffes sowie nach jeder Beschädigung oder Beseitigung der Leermarken oder der aufgestempelten Aichzeichen;
2. ohne daß das Schiff Veränderungen erlitten hat, bei Schiffen, die zumeist aus Holz erbaut sind, spätestens fünf Jahre, bei Schiffen, die zumeist aus Eisen oder Stahl erbaut sind (auch bei eisernen Schiffen mit hölzernem Boden), spätestens zehn Jahre nach der Ausfertigung des Aichscheins.

Zur Stellung des Antrags auf Aichprüfung ist außer dem

Schiffseigenthümer oder Schiffer auch die Schiffahrtspolizei=
behörde befugt, wenn sie Veränderungen der unter Ziffer 1
erwähnten Art festgestellt hat. Zum Zwecke einer von der
Schiffahrtspolizei beantragten Aichprüfung soll die Entlöschung
beladener Fahrzeuge während der Reise nicht verlangt werden.

Unterbleibt die Aichprüfung in diesen Fällen, so wird die
geschehene Aichung ungültig.

Ungültig gewordene Aichscheine sind einzuziehen. Wird
der ungültige Aichschein nicht zurückgeliefert, so ist die Un=
gültigkeit öffentlich bekannt zu machen.

§. 12.

Zur Vornahme der Aichprüfung wird das Schiff in die
normale Schwimmlage (§. 3) gebracht. Sodann wird geprüft,
ob die Leermarken (§. 4) und die Nullpunkte der Tiefgangs=
anzeiger (§. 5) noch in der richtigen Ebene liegen.

Wenn sich ergiebt, daß der tiefste Punkt der äußeren
Fläche des Schiffsbodens mehr als fünf Centimeter tiefer
liegt als der Nullpunkt eines der Tiefgangsanzeiger, so wird
das Schiff neu geaicht.

Wenn sich ergiebt, daß die durch die Leermarken bezeich=
nete Ebene von der wirklichen Leerebene im Durchschnitte der
bei den Marken senkrecht zum Wasserspiegel zu messenden
Abstände mehr als drei Centimeter entfernt ist, so wird unter
Tilgung der alten Leermarken die Lage der Leerebene durch
neue Leermarken bezeichnet und ein neuer Aichschein ausge=
fertigt.

Wenn sich ergiebt, daß die Abweichungen des Nullpunkts
des Tiefgangsanzeigers oder der Leerebene geringer als fünf
beziehungsweise drei Centimeter sind, so wird das Verfahren
nur auf besonderen Antrag des Eigenthümers oder des Führers
des Schiffes fortgesetzt und ein neuer Aichschein ausgefertigt.

Wird ein solcher Antrag nicht gestellt, so bleibt die geschehene Aichung nach Maßgabe des §. 11 Nr. 2 auf weitere fünf oder zehn Jahre gültig. Das Ergebniß der Prüfung wird in dem Aichscheine vermerkt.

§. 13.

Nach Abschluß ihrer Aichprüfung hat die Aichbehörde das Schiff, soweit dasselbe ihr Aichzeichen nicht bereits trägt, nach Vorschrift des §. 10 unter Tilgung älterer Aichzeichen zu stempeln. Gleichzeitig sind die Inschriften des Schiffes nach dem Ergebnisse der Prüfung sowie hinsichtlich des Aichzeichens zu berichtigen.

§. 14.

Aichbehörden. An geeigneten Stellen werden Aichbehörden bestellt. Sie haben diejenigen Schiffe zu aichen und zu prüfen (§. 11), welche zu dem Behuf ihnen bereitgestellt werden.

An Stelle besonderer Aichbehörden kann jeder Uferstaat mit deren Obliegenheiten andere Behörden betrauen.

§. 15.

Ueber den Aichbehörden werden Revisionsbehörden bestellt. Diesen liegt ob:

1. die von den Aichbehörden vorgenommenen Messungen und Berechnungen von Amtswegen durch Stichproben oder auf Beschwerde des Schiffseigners zu prüfen und nach Befinden zu berichtigen,
2. die von den Aichbehörden angewendeten Meßwerkzeuge von Zeit zu Zeit zu prüfen.

§. 16.

Die Aichung oder Aichprüfung eines Schiffes ist von dem Eigenthümer oder dem Schiffer bei derjenigen Aichbehörde,

welcher das Schiff bereitgestellt werden soll, schriftlich zu be=
antragen. Dem Antrage ist
1. der etwa früher für das Schiff schon ausgestellte
   Aichschein,
2. die Angabe der für das Fahrzeug erforderlichen
   Mannschaftszahl,
3. ein Verzeichniß der zur vollen Ausrüstung gehörigen
   Gegenstände

beizufügen.

Der Eigenthümer oder Schiffer hat der Aichbehörde das Schiff unbeladen vorzuführen und dieser jede Hülfe zu ge= währen, welche für die Durchführung des Verfahrens bean= sprucht wird.

§. 17.

Die Gebühren für die Aichung und für die Ausfertigung des Aichscheins betragen:

1. Für die erste und jede wiederholte vollständige Aichung eines Schiffes für jede Tonne Tragfähigkeit 5 Pfennig.

   Der Mindestbetrag der Gebühren beträgt 2 Mark.

   Von der Aichbehörde werden die Aichklammern und Aichnägel ohne weiteren Entgelt geliefert. Die Anbringung der Tiefgangsanzeiger (§. 5) liegt dem Antragsteller ob (§. 16 Abs. 2).
2. Für eine nicht zur Neuaichung, sondern nur zur Erneuerung der Aichklammern oder des Aichscheines führende Aichprüfung die Hälfte der Sätze unter 1.
3. Für eine weder zur Neuaichung noch zur Erneue= rung der Aichklammern oder des Aichscheins führende Aichprüfung nichts.
4. Wird die Aichung oder Aichprüfung auf Antrag nicht am Sitze der Aichbehörde, sondern anderswo vorge= nommen, so hat der Antragsteller nicht nur einen

für die Aichung geeigneten Platz zur Verfügung zu stellen, sondern außer den tarifmäßigen Gebühren auch noch die der Aichbehörde erwachsenden baaren Auslagen zu zahlen.

5. Bis die vorstehend genannten Gebühren und Kosten entrichtet sind oder Sicherheit für die Zahlung geleistet ist, kann die Aushändigung des Aichscheins verweigert werden.

6. Für die auf Grund der Bestimmung im §. 18 während der ersten zwei Jahre nach dem Inkrafttreten der Aichordnung behufs Ersetzung der bisherigen Aichscheine und Meßbriefe vorgenommenen Aichungen beträgt die Gebühr für jede Tonne Tragfähigkeit 3 Pfennig.

§. 18.

Uebergangs- u. Schlußbestimmungen. Die bisherigen Aichscheine, Meßbriefe der Binnenfahrzeuge 2c. verlieren ihre Gültigkeit nach Ablauf von zwei Jahren, nachdem diese Aichordnung in Kraft getreten ist, sofern nicht bereits früher gemäß §. 11 eine Aichprüfung erforderlich wird.

§. 19.

Diese Aichordnung, welche auf Grund einer Vereinbarung der Regierungen im Deutschen Reiche und in Oesterreich gleichlautend erlassen wird, tritt am 1. Oktober 1899 in Kraft.

Ausführungsbestimmungen zur Aichordnung für die Binnenschiffahrt auf der Elbe.

Zu §. 3.

1. Aichungen und Aichprüfungen finden in der Regel am Sitze der Schiffsaichbehörde statt.

    Die Behörde kann auf Wunsch das in Antrag gebrachte Verfahren auch außerhalb ihres Amtssitzes vornehmen. In solchen Fällen hat der Antragsteller einen nach dem Urtheile der Behörde für das Verfahren geeigneten Platz zur Verfügung zu stellen und die Kosten zu tragen.

2. Nachdem die Masten und beweglichen Schornsteine des Schiffes niedergelegt sind, wird dasselbe an einer vor Wind, Strömung und Wellenschlag geschützten Stelle festgelegt und nöthigenfalls durch Verschieben von Ausrüstungsgegenständen in die normale Schwimmlage gebracht. Unter dem Schiffsboden muß eine Wassertiefe von überall mindestens 0,3 m vorhanden sein. Das Schiff muß, ohne irgendwo aufzuliegen oder das Ufer zu berühren, frei und ruhig schwimmen und mit einem Boote ungehindert umfahren werden können.

3. Die Höhe des Bodenwassers im Schiffsraume darf an der tiefsten Stelle bei hölzernen Schiffen nicht mehr als 5 cm,

bei hölzernen Schiffen mit eisernen Spanten und bei eisernen Schiffen mit Holzboden nicht mehr als 3 cm betragen; eiserne Schiffe müssen im Allgemeinen frei von Bodenwasser sein, etwa vorhandenes Bodenwasser ist soweit als möglich zu entfernen.

4. Der zur Kesselheizung erforderliche Kohlenvorrath gehört nicht zur Ausrüstung im Sinne dieses Paragraphen.

Zu §. 4.

1. Als Leermarken an Schiffen mit Holzwänden dienen Aichklammern, dieselben sind aus verzinktem Eisenblech von 8 cm Länge, 2 cm Höhe, 2 bis 3 mm Stärke hergestellt und an ihren beiden abgerundeten Enden mit ausgeschmiedeten Spitzen versehen, welche mindestens 1,5 cm kürzer sind, als die Dicke der Schiffswand beträgt. Die Unterkanten der Leermarken sollen mit der Leerlinie zusammenfallen, die Abstände der Leermarken von einander auf beiden Seiten des Schiffes möglichst gleich sein.

2. Als Leermarken an eisernen Schiffen sowie an Schiffen mit eisernen Borden dienen je 5 Körnerschläge in je 3 cm Entfernung von einander, deren Mittelpunkte in der Leerlinie liegen sollen.

3. Vor Anbringung der Leermarken ist die Leerlinie zunächst an jeder Seite des Schiffes und zwar in der Mitte seiner Länge sowie an den Enden der Leerebene vorn und hinten scharf zu bezeichnen, demnächst ist das Schiff durch Verschiebung von Ausrüstungsgegenständen so weit nach einer Seite überzulegen, daß die Anbringung der Leermarken und Aichzeichen auf der ausgetauchten Schiffsseite ohne Schwierigkeit erfolgen kann. Ist dies auf der einen Schiffsseite geschehen, so wird dasselbe Verfahren für die andere Seite wiederholt.

Zu §. 5.

1. Behufs Ermittelung des tiefsten Punktes der äußeren Fläche des Schiffsbodens wird, nachdem die beiden Schenkel des Tiefenmaßes (zu §. 8 A V) nach dem großen Winkelmaße (zu §. 8 A VI) rechtwinklig zu einander festgestellt sind, der längere Schenkel fest anliegend unter den Schiffsboden geschoben und der kürzere Schenkel nach dem Lothe in senkrechte Stellung gebracht, so daß auf dessen Maßeintheilung der Wasserspiegel anzeigt, wie tief das Schiff an der untersuchten Stelle unter Wasser liegt. In gleicher Weise wird durch Untersuchung der Tiefenlage des Schiffsbodens auf seiner ganzen Länge die größte Tiefe (Leertiefe) ermittelt und damit die Tiefenlage des Nullpunkts der Tiefgangsanzeiger festgestellt. Von diesem Nullpunkt ab werden über jeder Leermarke Tiefgangsanzeiger mittelst des Tiefgangstheilers (zu §. 8 A VIII) auf die Bordwand übertragen. Zu dem Zwecke wird der Gleitstock in senkrechter Stellung an der Schiffswand befestigt und demnächst jedes zehntel Meter durch einen leichten Schlag auf den in den Einschnitt des Schiebers gelegten Markirstift angezeichnet.

2. Bei Schiffen, an denen der Tiefgangstheiler mit Markirstift wegen starker Neigung der Schiffswand nicht anzuwenden ist, wird die Eintheilung der Tiefgangsanzeiger vom Wasserspiegel aufwärts mittelst eines senkrecht gehaltenen Meterstocks bestimmt.

3. Die Marken der Tiefgangsanzeiger werden bei hölzernen Schiffen durch Aichnägel (schmiedeeiserne Nägel von 2 cm Schaftlänge mit kegelförmigem Kopfe von 1,2 cm Durchmesser), bei eisernen Schiffen sowie bei Schiffen mit eisernen Borden durch Körnerschläge, deren Mittelpunkte die Theilung bilden, bezeichnet.

4. Zur leichteren Unterscheidung werden die vollen Meter durch 3, die halben Meter durch 2, die zehntel Meter durch je einen Aichnagel oder Körnerschlag bezeichnet. Aichnägel und Körnerschläge sind auf 5 cm Entfernung von Mitte zu Mitte wagerecht neben einander anzuordnen.
5. Die Nägelköpfe erhalten einen Anstrich von hervortretender Farbe (weiß auf dunklem, schwarz auf hellem Grunde), die Körnerschläge einen mit seiner Unterkante den Mittelpunkt der Körnerschläge schneidenden horizontalen Strich von eben solcher Farbe, dessen Länge bei den vollen Metern 20 cm, bei den halben Metern 15 cm, bei den zehntel Metern 10 cm beträgt.
6. Nach Anbringung und Bezeichnung der Tiefgangsanzeiger wird bei jedem von ihnen die Entfernung zwischen der obersten Marke und der senkrecht darüber liegenden Bordkante ermittelt. Die gefundenen Maße werden in den Aichschein und das Aichprotokoll als „Erkennungsmaße" eingetragen.

Zu §. 8.
A. Meßgeräthe.

1. Bei der Vermessung des Aichraums sind anzuwenden:
   I. Zwei Dreimeterstöcke mit festem Messingschuh an jedem Ende und einer Nuth von 1 cm Breite und 0,5 cm Tiefe in der Mitte der Vorderseite auf der ganzen Länge.
   II. Ein Zweimeterstock, ⎫ wie die unter Nr. I bezeich-
   III. Ein Einmeterstock, ⎭ neten Stöcke eingerichtet.
   IV. Ein Meßband von Stahl, 15 bis 20 mm breit und 20 m lang, zum Aufrollen um einen Cylinder eingerichtet und an einem Ende mit einem kleinen Messingringe derart versehen, daß der Anfangs-

punkt der Längenmaßtheilung an der Außenkante des Ringes liegt.

V. Ein Tiefenmaß, bestehend aus zwei Schenkeln von geeigneter Länge. Die Schenkel sind durch ein starkes Scharnier derart mit einander verbunden, daß sie sowohl zusammengelegt, wie durch einen sicheren Verschluß rechtwinklig zu einander festgestellt werden können. Jeder Schenkel ist an seinem Ende mit einem festen Messingschuhe versehen, an der vorderen Seite des kürzeren Schenkels ist eine Centimeter=theilung derart angebracht, daß ihr Nullpunkt mit der inneren Spitze des rechten Winkels des Tiefen=maßes zusammenfällt.

VI. Ein Satz Winkelmaße, bestehend aus:
einem großen Winkelmaße mit Schenkeln von 1,5 beziehungsweise 1 m Länge,
einem mittleren Winkelmaße mit Schenkeln von je 1 m Länge,
einem kleinen Winkelmaße mit Schenkeln von je 0,5 m Länge.

VII. Eine Leine von 20 mm Umfang und 60 m Länge.

VIII. Ein Theiler für die Tiefgangsanzeiger zum Absetzen der Marken, bestehend aus einem Gleitstock mit feststellbarem Schieber von 2,5 m Länge mit festem Messingschuh an beiden Enden, nebst
a) 2 Hefteisen mit Flügelmuttern zur Befestigung des Geräths an der äußeren Bordwand;
b) 1 Markirstift zur Bezeichnung der Theilung auf den Tiefgangsanzeigern.

IX. Eine Leine von 6 bis 7 mm Umfang und 6 m Länge mit einem Lothe von 1 kg Schwere und Vorrichtung zum Aufrollen versehen.

X. Aichstempel (§. 10) und zwar:
 a) ein Brennstempel für hölzerne Schiffe;
 b) drei Schlagstempel aus Gußstahl für eiserne Schiffe.
XI. Ein Körner von cylindrischer Form, 10 cm Länge und 1 cm Durchmesser.
XII. Drei Hämmer mit ebener Bahn von 0,5 und 0,75 und 1,25 kg Gewicht.
XIII. Ein stählernes Metermaß von 1 m Länge mit Anschlag zum Prüfen der Längenmaße.
XIV. Eine Messingrolle nebst einem eisernen Gewichtsstücke von 2,5 kg mit Haken zur Prüfung des unter Nr. IV bezeichneten Meßbandes.
XV. Ein Kohlenkorb aus Eisenstäben zum Heißmachen des Aichstempelbrenneisens.

2. Jede Aichbehörde muß mindestens mit einem Satze der unter 1 bezeichneten Geräthe versehen sein.
3. Die Revisionsbehörden haben in geeigneten Zeitabschnitten, mindestens aber alle fünf Jahre, die Meterstöcke, das Tiefenmaß und den Tiefgangstheiler (Nr. I bis III, V, VIII) mittelst des stählernen Metermaßes (Nr. XIII), das Tiefenmaß (Nr. V) mittelst der Winkelmaße (Nr. VI) sowie das Meßband (Nr. IV) mittelst der Meterstöcke zu prüfen.

Die Prüfung der Meterstöcke mittelst des stählernen Metermaßes geschieht wie folgt: Bei den Dreimeterstöcken legt man erst das eine, sodann das andere Ende gegen den Anschlag des Metermaßes und liest den Abstand der nächsten Meterstriche von dem Ende des Metermaßes in Millimetern ab. Hierauf vergleicht man die Länge des mittleren Meterintervalls mit der Länge des Metermaßes, indem man das Intervall an diejenige Seite des mit durchgehenden Theilstrichen versehenen stählernen Metermaßes legt, an welcher kein Anschlag vorhanden ist. Die Summe der Fehler der drei Meterintervalle giebt den Gesammtfehler des Meterstocks.

Die Prüfung der Zwei- und Einmeterstöcke sowie des Tiefgangstheilers (Nr. VIII) erfolgt unter sinngemäßer Anwendung vorstehender Bestimmungen.

Die Prüfung des Meßbandes erfolgt derartig, daß man dasselbe ausrollt und unausgespannt auf eine ebene Unterlage (Brett, Fußboden) hinlegt. Alsdann schiebt man die beiden Dreimeter- und den Zweimeterstock aneinander, bringt sie neben das Meßband und bestimmt mit Berücksichtigung der etwaigen innerhalb der Fehlergrenze sich haltenden Fehler der Meterstöcke, ob die für das Meßband festgesetzte Fehlergrenze eingehalten ist.

4. Bei den unter 1 Nr. I bis IV aufgeführten Meßgeräthen dürfen die folgenden Abweichungen von der Richtigkeit geduldet werden:

bei Nr. I größte zulässige Abweichung der Gesammtlänge 3 mm,

bei Nr. II größte zulässige Abweichung der Gesammtlänge 2 mm,

bei Nr. III größte zulässige Abweichung der Gesammtlänge 2 mm,

bei Nr. IV größte zulässige Abweichung für je 10 m Länge 1 cm.

Zeigen die Meßgeräthe größere als die hiernach zulässigen Abweichungen, so müssen sie so lange außer Gebrauch gesetzt werden, bis sie eine Richtigstellung erfahren haben.

B. Aufnahme der Maße.

1. Ueber das Aichverfahren wird nach dem anliegenden Muster ein Protokoll aufgenommen, in welches alle zur Aichung gehörigen Maße eingetragen und in welchem alle dazu gehörigen Rechnungen und Nebenrechnungen ausgeführt werden.

   Anlage I.

2. Alle Maße werden auf Centimeter abgerundet; Bruchtheile der Centimeter werden, soweit sie 0,5 oder mehr betragen, als ein ganzes Centimeter gerechnet, kleinere Bruchtheile aber unberücksichtigt gelassen.

   Die Maße sind derart in das über das Aichverfahren aufzunehmende Protokoll einzutragen, daß die zu den ganzen Metern hinzukommenden Centimeter als Dezimalstellen hinter die Meterzahlen gesetzt werden (z. B. 3,82 m, 0,25 m u. s. f.).

3. Behufs Aufnahme der Maße wird der Aichraum mittelst zweier senkrecht durch die beiden Enden der Leerebene und rechtwinklig zur Längenachse des Schiffes gelegter Querschnitte in drei Abtheilungen getheilt. Die Einsenkungsebenen jeder derselben werden für sich vermessen.

4. Vermessung der Einsenkungsebenen der mittleren Abtheilung des Aichraumes:
   a) Die Länge dieser Abtheilung wird zwischen den sie begrenzenden beiden Querschnitten parallel zur Längenachse des Schiffes ermittelt. Die Messung erfolgt bei vorhandenem glatten Deck unmittelbar auf diesem, bei anderer Deckform und bei ungedeckten Fahrzeugen an der zu dem Behufe zwischen den beiden höchstgelegenen festen Endpunkten des Schiffes gespannten Leine (A VII) mittelst der Meterstöcke.

b) Die gefundene Länge wird in eine gerade Anzahl gleicher Theile getheilt, deren Länge bei einer Länge der Abtheilung bis zu 20 m über 3 m, bei einer Länge der Abtheilung von 20 m und mehr über 5 m nicht hinausgehen darf. Die Anzahl der Theile soll nicht größer sein, als zur Durchführung dieser Vorschrift erforderlich ist.

Nachdem mittelst eines Meterstocks oder des Meß= bandes die einzelnen Theilpunkte abgesetzt sind, wird ihre Lage am Schiffe rechtwinklig zur Längsschiffs= ebene auf die beiden Bordwände übertragen.

c) Demnächst wird der Ort jedes Theilpunktes auf die darunter durch Kreidestriche bemerkbar gemachten, drei zu vermessenden Einsenkungsebenen übertragen.

Mittelst einer an jedem Theilpunkte querschiffs über das Fahrzeug gelegten und auf der einen Seite darüber hinausragenden Latte, oder, wenn das in Folge der Einrichtung des Fahrzeugs umständlich sein sollte, mittelst eines Bandmaßes wird in einer sich dazu eignenden Höhe die ganze, von Bord zu Bord sich erstreckende Breite des Fahrzeugs ge= messen.

Demnächst wird mittelst eines am überragenden Theile der Latte oder eines entsprechend festgehaltenen Auslegers frei herabhängenden Lothes für jeden Theilpunkt der Länge des Fahrzeugs, auf einer seiner Seiten der Unterschied der soeben gemessenen Bordbreite und der Breite an jeder der drei Ein= senkungsebenen bestimmt. Unter Verdoppelung dieses Unterschiedes findet man je nach der Form des Schiffes durch Addition oder Subtraktion für jeden Theilpunkt der Länge die gesuchten Breiten zwischen den äußeren Bordwänden in jeder der zu messenden drei Einsenkungsebenen.

d) Wenn die Schiffswand (wie bei klinkergebauten Schiffen) Absätze bildet, so wird jeder Abstand der Lothleine von der Bordwand, welcher in die Nähe eines solchen Absatzes fällt, sowohl oberhalb wie unterhalb desselben gemessen und das arithmetische Mittel zwischen beiden Maßen als der wahre Abstand angenommen.

5. Vor Aufnahme der Maße der mittleren Abtheilung ist festzustellen, in welcher Ausdehnung die Seitenwände des Schiffes parallel zu der durch die Längenachse des Schiffes gedachten senkrechten Ebene sind. In dieser Ausdehnung sind die Breitenmaße nur in einem Längentheilpunkt auf jeder Bordseite des Schiffes wirklich aufzumessen, während für alle übrigen Theilpunkte die den gemessenen gleichen Maße ohne Weiteres in das Protokoll übertragen werden.

6. Sind hiernach die einzelnen Breiten der die Aichschichten nach oben und nach unten begrenzenden Ebenen für die mittlere Abtheilung festgestellt, so werden die Abstände des Vorder= und Hinterschiffs von dem vorderen beziehungs= weise hinteren Querschnitt ermittelt. Zu diesem Zwecke wird das Loth in der Längenachse des Schiffes sowohl in dem vordersten wie dem hintersten festen Punkte des Schiffskörpers, oder wenn erforderlich an einem Ausleger frei spielend aufgehängt und mit Aufnahme der Abstände der Lothleine in den einzelnen Einsenkungsebenen ebenso verfahren, wie oben für die Aufnahme der Abstände von den Seitenwänden des Schiffes angegeben ist.

Bei Schiffen mit Steven sind außerdem die Quer= breiten der letzteren in der Leerebene, der mittleren Ein= senkungsebene und der oberen Aichebene zu messen. Bei

Fahrzeugen, welche vorn oder hinten nicht durch einen Steven abgeschlossen sind, müssen die entsprechenden Querbreiten der an Stelle der Steven vorhandenen vorderen und hinteren Schiffstheile ermittelt werden. Ferner wird, wenn die Schiffsform es erfordert, für die obere Aichebene und die mittlere Einsenkungsebene noch eine Zwischenbreite auf halber Länge dieser Ebenen im vorderen und hinteren Aichraume gemessen.

7. Wird die Aufnahme einzelner Breiten durch vorspringende Theile, wie Schaufelräder 2c., an der Aufnahmestelle verhindert, so darf die Breitenmessung ausnahmsweise an einer anderen, der vorgeschriebenen möglichst naheliegenden Stelle vorgenommen werden. In solchen Fällen muß jedoch stets eine Berichtigung der aufgenommenen Maße, der Form des Schiffes entsprechend, erfolgen.

C. Berechnung des Flächeninhalts der einzelnen die Aichschichten begrenzenden Ebenen.

1. Die Berechnungen sind in demselben Protokoll auszuführen, in welchem die Maße verzeichnet sind (B 1).
2. Jedes Protokoll ist nach Beendigung aller in demselben vorzunehmenden Berechnungen und Aufzeichnungen von der Aichbehörde zu unterzeichnen.
3. Alle Rechnungen sind mit 3 Dezimalstellen durchzuführen, und zwar ist die dritte Dezimalstelle um 1 zu erhöhen, wenn die darauf folgende vierte Stelle 5 oder mehr beträgt.
4. Die Berechnung der einzelnen Einsenkungsebenen erfolgt in nachstehender Weise:

Bei der Leerebene werden die gemessenen Breiten vom Vordertheile des Schiffes anfangend fortlaufend mit 1, 2, 3, 4, 5 u. s. f. bezeichnet und der Reihe nach mit 1, 4,

2, 4, 2, 4 ..... 4, 1 multiplizirt. Die Summe dieser Produkte multiplizirt mit dem dritten Theile des gemeinsamen Abstandes der Längentheilpunkte von einander ergiebt den Flächeninhalt der Leerebene in Quadratmetern.

Die Flächeninhalte der übrigen Einsenkungsebenen setzen sich aus dem Inhalte der in den drei Abtheilungen des Aichraums befindlichen Theile derselben zusammen. Die Ermittelung des Inhalts der in der mittleren Aichraumabtheilung befindlichen Theile jeder dieser Ebenen erfolgt in der für die Leerebene vorgeschriebenen Weise, während die beiden anderen Theile je nach ihrer Form als Dreiecke, Trapeze oder von krummen Linien begrenzte Flächenstücke berechnet werden. Im letzteren Falle werden die drei Breiten (s. oben B 6 Abs. 2) mit 1, 4, 1 multiplizirt, die Produkte addirt und sodann wird durch Multiplikation dieser Summe mit dem dritten Theile des Abstandes dieser Breiten von einander der Flächeninhalt gefunden. Im Falle eines Dreiecks oder Trapezes wird die algebraische Summe der zwei Breiten mit der Hälfte des Abstandes dieser Breiten multiplizirt. Die Summe der Inhalte der drei Theile einer Einsenkungsebene ist der Flächeninhalt der letzteren.

D. Berechnung des Aichraums.

1. Die Berechnung des Inhalts des ganzen Aichraums erfolgt demnächst in der Weise, daß der ganze Flächeninhalt der Leerebene mit 1, der der mittleren Einsenkungsebene mit 4, der der oberen Aichebene mit 1 multiplizirt und die Summe dieser Produkte mit $1/3$ des gemeinsamen Abstandes der genannten drei Einsenkungsebenen von einander multiplizirt wird.

Das Ergebniß dieser Rechnung ist der Inhalt des ganzen Aichraums in Kubikmetern oder Tonnen.

2. Der Inhalt der oberen, zwischen der mittleren Einsenkungs= und der oberen Aichebene befindlichen Aichschicht wird gefunden, indem man die halbe Summe des ganzen Flächeninhalts jeder dieser beiden Haupteinsenkungsebenen mit ihrem Abstande von einander multiplizirt.

3. Den Inhalt der unteren, zwischen der Leer= und der mittleren Einsenkungsebene befindlichen Aichschicht erhält man, indem man vom Inhalte des ganzen Aichraums den der oberen Aichschicht subtrahirt.

Zu §. 10 Abs. 1.

1. Zur Feststellung der Belastung, welche jeder im §. 10 der Aichordnung vorgesehenen Eintauchung des Aichraums entspricht, wird der Raumgehalt einer jeden Aichschicht durch die halbe Anzahl der Centimeter ihrer Höhe getheilt. Der Quotient gilt als die Belastung für je 2 cm der Eintauchung. Im Aichschein ist diese Belastung bis zur oberen Aichebene tabellarisch nachzuweisen.

2. Wenn die Eintauchung eines Schiffes nicht mit einer Marke des Tiefgangsanzeigers zusammenfällt, sondern zwischen zwei Marken liegt, so ist sie bis auf 2 cm genau festzustellen, wobei Maße unter 1 cm unberücksichtigt bleiben, größere aber als zwei volle Centimeter angenommen werden.

3. Ist die Eintauchung eines Schiffes nicht an sämmtlichen sechs Tiefgangsanzeigern gleich, so wird die Summe der Angaben von allen sechs Anzeigern durch sechs getheilt. Die gefundene Zahl gilt dann als Eintauchung des Schiffes.

— 28 —

Zu §. 10 Abf. 2 und 3.

1. Das Aichzeichen wird bei hölzernen Schiffen mit dem Brennstempel eingebrannt, bei eisernen Schiffen sowie bei Schiffen mit eisernen Borden mit einem der Schlagstempel eingeschlagen.
2. Die Buchstaben und Ziffern der Aichzeichen müssen in großer lateinischer Schrift 1 cm hoch nach dem folgenden Muster angeordnet sein:

E.
P. Mg.

3. Die Inschrift am Schiffe ist neben oder unter dem Namen des Schiffes beziehungsweise dem Namen und Geschäfts=sitze des Eigenthümers nach folgendem Muster

| 320 T. | E.
P. Mg. |

in deutlich lesbarer Schrift von mindestens 15 cm Höhe der kleinsten Buchstaben und Ziffern, deren Grundstrich=breite nicht unter ein Fünftel der Höhe betragen soll, mit haltbarer Farbe hell auf dunklem oder dunkel auf hellem Grunde anzubringen.

Anlage II. 4. Der Aichschein wird nach dem angeschlossenen Muster aus=gefertigt und wie jeder spätere Vermerk darin von der Aichbehörde unterzeichnet.

Zu §. 11.

Die Ungültigkeitserklärung wird von der sie aussprechen=den Aichbehörde allen übrigen Aichbehörden des Elbstrom=

gebiets mitgetheilt und durch das von der Revisionsbehörde bestimmte öffentliche Blatt bekannt gemacht.

Zu §. 12.

Wird die Aichprüfung eines Fahrzeugs von einer Aichbehörde ausgeführt, welche die Aichung oder die letzte Aichprüfung nicht bewirkt hat, so ist das Aichprotokoll von der Behörde zu erbitten, bei welcher das letzte Verfahren vor sich gegangen ist. Das Aichprotokoll bleibt im Besitze derjenigen Behörde, bei welcher die letzte Aichung oder die letzte Aichprüfung erfolgt ist.

In dem über die Aichprüfung aufzunehmenden Protokolle sind nur diejenigen Rechnungen auszuführen, welche durch die Neumessung erforderlich werden; unveränderte Ergebnisse werden aus dem früheren Aichprotokolle summarisch übertragen.

Zu §. 14.

Die Aichbehörden haben Verzeichnisse zu führen, in welche die Ergebnisse der Aichungen und Aichprüfungen unter laufender Nummer einzutragen sind.

Alle auf die vorgenommenen Messungen und Berechnungen bezüglichen Aufzeichnungen sowie die zurückgelieferten Aichscheine erhalten dieselbe Nummer und sind aufzubewahren.

— 31 —

Schiffsaichbehörde   **Anlage I.**
                                      (Ausführungsbestimmungen zu §. 8 unter B.)

zu ....

Eingetragen unter lfd. Nr. .... des Verzeichnisses der Aichungen und Aichprüfungen.

Protokoll

über

das auf Grund der Aichordnung vom ....

für (Bezeichnung der Schiffsgattung)   (Name)   durchgeführte Aichverfahren.

Schiffsbeschreibung.

1. Schiffsgattung
2. Schiffsname
3. Heimathshafen
4. Erbauungszeit
5. Erbauungsort
6. Name des Schiffers
7. Name des Eigners
8. Bauart
9. Material des Bodens
10.   „ der Bordwände
11. Material der Bodenstücke
12.   „   „ Spanten
13. Art der Eindeckung
14. Art und indizirte Pferdestärke der Maschine
15. Art und Zahl der Kessel, Arbeitsdruck
16. Größe der festen Kohlenbehälter

Anmerkung. Bei Ausfüllung der vorstehenden Schiffsbeschreibung ist anzugeben unter:
    1. Ob durch Dampf oder andere Triebkraft bewegt (Schrauben, Seiten-, Hinterrad oder Turbinen), Segelschiff (Art der Takelung, Schleppschiff, Kahn, Kuff u. s. w.).
    4. Monat und Jahr des ersten Zuwasserlassens.
    8. Ob mit Kiel oder flachem Boden, Klinker oder Kravel.
    9. bis 12. Ob Holz, Eisen, Stahl.
   13. Ob mit festem Deck, mit loser Bedachung oder ohne Bedachung.

Erkennungsmaße.

Senkrechter Abstand des festen Bordes von der obersten Marke:

bei dem Tiefgangsanzeiger vorn rechts .... m, vorn links .... m,
  „   „   „   in der Mitte rechts .... m, in der Mitte links .... m,
  „   „   „   hinten rechts .... m, hinten links .... m.

Grundmaße der Aichung.

Die obere Aichebene liegt über dem Nullpunkte der Tiefgangsanzeiger (Ladetiefe) .... m.

Die Leerebene liegt über dem Nullpunkte der Tiefgangsanzeiger (Leertiefe) .... m.

Höhe des Aichraums .... m.

— 32 —

Berechnungen.

I. Berechnung der Flächeninhalte der 3 Einsenkungsebenen.

A. In der mittleren Abtheilung des Aichraums, d. h. in der Länge der Leerebene.

Die Länge dieser Abtheilung beträgt .... m, dieselbe ist gemäß zu §. 8 B 4 b der Ausführungsbestimmungen in .... Theile getheilt.

Der gemeinsame Abstand der aufzumessenden Breiten beträgt daher .... m.

Nummer der Breiten der Einsenkungsebene.	Faktor.	Leerebene.		Mittlere Einsenkungsebene.		Obere Aichebene.	
		Breiten.	Produkte.	Breiten.	Produkte.	Breiten.	Produkte.
1	1						
2	4						
3	2						
4	4						
5	2						
6	4						
7	2						
8	4						
9	2						
10	4						
11	2						
12	4						
13	2						
14	4						
15	2						
16	4						
17	1						
Summe der Produkte					....		....
$^1/_3$ des gemeinsamen Abstandes der Breiten					....		..
Inhalt des mittleren Theiles der Einsenkungsebene in Quadratmeter			....		.	....	..

B. Inhalt der mittleren Einsenkungs= ebene in der vorderen und hinteren Abtheilung des Aichraums.

a) Vorderer Theil.

Länge . . . . m

                   Faktor. Produkt.

Vordere Breite .... m 1 .....

Mittlere   „   .... m 4 ..

Hintere   „   .... m 1 ....

Summe der Produkte . . . ..

$1/2$ oder $1/3$*) des Abstandes dieser
   Breiten von einander . . .

Inhalt dieses Theiles . . . . qm.

b) Hinterer Theil.

Länge . . . . m

                   Faktor. Produkt.

Vordere Breite ...... m 1 ....

Mittlere   „   .... m 4 ....

Hintere   „   .... m 1 ....

Summe der Produkte . . ..

$1/2$ oder $1/3$*) des Abstandes dieser
   Breiten von einander . . . .

Inhalt dieses Theiles . . . . qm.

C. Inhalt der oberen Aichebene in der vorderen und hinteren Abtheilung des Aichraumes.

a) Vorderer Theil.

Länge . . . . m

                     Faktor. Produkt.

Vordere Breite .... m 1 ....

Mittlere   „   .... m 4 ....

Hintere   „   . m 1 ....

Summe der Produkte . . ..

$1/2$ oder $1/3$*) des Abstandes dieser
   Breiten von einander . . . .

Inhalt dieses Theiles . . . . qm.

b) Hinterer Theil.

Länge . . . . m

                     Faktor. Produkt.

Vordere Breite ..... m 1 ....

Mittlere   „   .... m 4 ....

Hintere   „   .... m 1 ....

Summe der Produkte . . . .

$1/2$ oder $1/3$*) des Abstandes dieser
   Breiten von einander . . . .

Inhalt dieses Theiles . . . . qm.

---

*) Ob der Faktor $1/2$ oder $1/3$ zu nehmen ist, richtet sich nach der Ausführungsbestimmung zu §. 8 Lit. C Ziffer 4.

D. Gesammtinhalt der mittleren Einsenkungsebene.

Vorderer Theil . . . . qm

Mittlerer   „   . . . . „

Hinterer   „   . . . . „

       Summe . . . qm.

E. Gesammtinhalt der oberen Aichebene.

Vorderer Theil . . . . qm

Mittlerer   „   . . . . „

Hinterer   „   . . . . „

       Summe . . .. qm.

II. Berechnung des ganzen Aichraums.

                                                                                  Faktor. Produkt.

Inhalt der Leerebene .... qm   1

Inhalt der mittleren Einsenkungsebene .... „   4

Inhalt der oberen Aichebene .... „   1

                          Summe der Produkte ..

$1/3$ des Abstandes der (Haupt-) Einsenkungsebenen von einander ..

Kubischer Inhalt des ganzen Aichraums .... cbm

oder Tragfähigkeit des Schiffes bis zur oberen Aichebene. ...... Tonnen.

III. Berechnung der oberen Aichschicht,

d. h. zwischen der mittleren Einsenkungs- und der oberen Aichebene.

In der oberen Aichebene .... qm

Inhalt der mittleren Einsenkungsebene .... „

                Summe ....

                $1/2$ Summe ....

Abstand der Einsenkungsebenen von einander . ...

Kubischer Inhalt der oberen Aichschicht ...... cbm

Mittlerer Inhalt dieser Aichschicht für je zwei Centimeter Einsenkung $= \dfrac{\text{Kubischer Inhalt dieser Schicht}}{\text{halbe Höhe der Aichschicht in Centimeter}} =$ ...... Tonnen.

IV. Berechnung der unteren Aichschicht,

d. h. zwischen der mittleren Einsenkungs- und Leerebene.

Kubischer Inhalt des Gesammtaichraums .... cbm

Kubischer Inhalt der oberen Aichschicht .... „

Kubischer Inhalt der unteren Aichschicht ...... cbm

Mittlerer Inhalt dieser Aichschicht für je zwei Centimeter Einsenkung $= \dfrac{\text{Kubischer Inhalt dieser Schicht}}{\text{halbe Höhe der Aichschicht in Centimeter}} =$ ...... Tonnen.

V. Nachweis der Tragfähigkeit.

Mittlerer Tiefgang Meter.	Tragfähigkeit Tonnen.	Mittlerer Tiefgang Meter.	Tragfähigkeit Tonnen.	Mittlerer Tiefgang Meter.	Tragfähigkeit Tonnen.	Mittlerer Tiefgang Meter.	Tragfähigkeit Tonnen.	Mittlerer Tiefgang Meter.	Tragfähigkeit Tonnen.
(von 2 zu 2 Centimeter fortschreitend.)									

VI. Berechnung des Völligkeitskoëffizienten des Aichraums.

Gesammtlänge der oberen Aichebene . . . . m
Größte Breite des Aichraums . . . . m

              Produkt . . .. qm
Höhe des Aichraums . . . . m

              Produkt . . ..

Dieses Produkt ist gleich dem kubischen Inhalte des dem Aichraum umschriebenen Parallelepipedons.

Mithin:

Völligkeitskoëffizient des Aichraums =
$$\frac{\text{Tragfähigkeit des Schiffes bis zur oberen Aichebene}}{\text{Inhalt des dem Aichraum umschriebenen Parallelepipedons}} = 0,\ldots$$

Die Aichung dieses Schiffes wurde durch.............................
.... erforderlich. Dieselbe wurde am ....
zu .... ausgeführt.

.............................., den .... 1..............

      Schiffsaichbehörde.
       (Unterschrift.)

Siegel.

Die Aichprüfung dieses Schiffes wurde durch ....
.... erforderlich. Dieselbe wurde am ....
zu .... ausgeführt und ergab, daß der tiefste Punkt der äußeren Fläche des Schiffbodens .. cm unter dem Nullpunkte eines der Tiefgangsanzeiger liegt, und daß der durchschnittliche senkrechte Abstand der Leermarken von der wirklichen Leerebene .... cm beträgt.

.............................., den .... 1..............

      Schiffsaichbehörde.
       (Unterschrift.)

Siegel.

(Der Aichschein wird in Oktavformat gedruckt und mit festem Deckel versehen.)

Anlage II.
(Ausführungsbestimmungen zu §. 10 unter Ziffer 4.)

Deutsches Reich.

Schiffsgattung:	Schiffsname:		Heimathshafen:
....	......		....
Erbauungsjahr:			Erbauungs= ort: ....

Aichschein.

1. Hauptangaben.

1. Die Tragfähigkeit des Schiffes bis zur oberen Aichebene beträgt ...... Tonnen.

2. Dieser Aichschein ist auf Grund der Aichung gültig bis zum ....

    ....

3. Die Aichung ist in das Verzeichniß der Aichungen und Aichprüfungen eingetragen unter Nr. .... zu ....

4. Dieser Aichschein bleibt auf Grund der Aichprüfung gültig bis zum

    ....

2. Schiffsbeschreibung.

Bauart: .... Art der Eindeckung: ....

Hauptbaumaterial: ....

3. Erkennungsmaße.

Senkrechte Entfernung des festen Bordes von der obersten Marke:

    bei dem Tiefgangsanzeiger vorn rechts .... m, vorn links .... m,

    " " "   in der Mitte rechts ...... m, in der Mitte links .. m,

    " " "   hinten rechts .... m, hinten links .... m.

4. Grundmaße der Aichung.

Die obere Aichebene liegt über dem Nullpunkte der Tiefgangs-

anzeiger (Ladetiefe) .... m.

Die Leerebene liegt über dem Nullpunkte der Tiefgangsanzeiger

(Leertiefe) .... m.

Höhe des Aichraums... m.

---

5. Ergebnisse der Aichprüfung.

Der tiefste Punkt der äußeren Fläche des Schiffsbodens liegt

unter dem Nullpunkt eines der Tiefgangsanzeiger .... cm.

Durchschnittlicher senkrechter Abstand der Leermarken von der

wirklichen Leerebene .... cm.

Aufgemessene Längen und Breiten.

Länge der Leerebene, also der mittleren Abtheilung des Ätzraums .... m.

Leerebene.	Breiten der		oberen Ätzebene.
	mittleren Einsenkungsebene in der mittleren Abtheilung des Ätzraums.		
1 =	1 =		1 =
2 = , 3 =	2 = , 3 =		2 = , 3 =
4 = , 5 =	4 = , 5 =		4 = , 5 =
6 = , 7 =	6 = , 7 =		6 = , 7 =
8 = , 9 =	8 = , 9 =		8 = , 9 =
10 = , 11 =	10 = , 11 =		10 = , 11 =
12 = , 13 =	12 = , 13 =		12 = , 13 =
14 = , 15 =	14 = , 15 =		14 = , 15 =
16 = , 17 =	16 = , 17 =		16 = , 17 =

Mittlere Einsenkungsebene.

a. Vorderer Theil.

Länge . . . . m.
Vorderste Breite . . . . m.
Eventuelle mittlere Breite . . . . . . m.

b. Hinterer Theil.

Länge . . . . m.
Hinterste Breite . . . . m.
Eventuelle mittlere Breite . . . . . . m.

Obere Nichhebene.

a. Vorderer Theil.

Länge . . . . m.
Vorderste Breite . . . . m.
Eventuelle mittlere Breite . . . . . . m.

b. Hinterer Theil.

Länge . . . . m.
Hinterste Breite . . . . m.
Eventuelle mittlere Breite . . . . . . m.

Völligkeitskoeffizient des Nichraums $= 0,$

Nachweis der Tragfähigkeit.

Mittlerer Tiefgang Meter.	Tragfähigkeit Tonnen.	Mittlerer Tiefgang Meter.	Tragfähigkeit Tonnen.	Mittlerer Tiefgang Meter.	Tragfähigkeit Tonnen.

Nachweis der Tragfähigkeit.

Mittlerer Tiefgang Meter.	Tragfähigkeit Tonnen.	Mittlerer Tiefgang Meter.	Tragfähigkeit Tonnen.	Mittlerer Tiefgang Meter.	Tragfähigkeit Tonnen.

Schlußergebniß des Aichverfahrens.

Tragfähigkeit des Schiffes bis zur oberen Aichebene .... Tonnen.

Ueber die am ....<u>ten</u>.. 1............

zu .... beendete Aichung wird dieser Aichschein ausgefertigt.

.... den ...... <u>ten</u> .... 1............ .

Schiffsaichbehörde.
(Unterschrift.)

Siegel.

Die Aichprüfung wurde am ....<u>ten</u>............................ 1............

zu .... vorgenommen in Folge ....

ihre Ergebnisse sind Seite 2 dieses Aichscheins, ihre Vornahme ist in das Verzeichniß der Aichungen und Aichprüfungen unter lfd. Nr. .... der Aich= behörde zu .... eingetragen.

...., den ....<u>ten</u>............ 1............ .

Schiffsaichbehörde.
(Unterschrift.)

Siegel.

GPSR Compliance
The European Union's (EU) General Product Safety Regulation (GPSR) is a set of rules that requires consumer products to be safe and our obligations to ensure this.

If you have any concerns about our products, you can contact us on

ProductSafety@springernature.com

In case Publisher is established outside the EU, the EU authorized representative is:

Springer Nature Customer Service Center GmbH
Europaplatz 3
69115 Heidelberg, Germany

www.ingramcontent.com/pod-product-compliance
Lightning Source LLC
Chambersburg PA
CBHW060758110426
42873CB00033BA/375